Wollteppich mit chinesischen Symbolen

Was erzählt das Muster dieses Teppichs?

DER CHINESISCHE TEPPICH

VON ADOLF HACKMACK

MIT 36 TAFELN, 1 LANDKARTE
UND 5 ABBILDUNGEN IM TEXT

2. VERBESSERTE UND VERMEHRTE AUFLAGE

HAMBURG
L. FRIEDERICHSEN & CO.
1926

DRUCK VON LÜTCKE & WULFF, HAMBURG.
Klischees für den Text und die Tafeln von Neuburg & Wilms, Hamburg.

Herrn H. C. Augustesen

gewidmet

TAFEL B

Himmelstempel in Peking

Aufnahme des Verfassers

VORWORT

Von China wurden in den letzten Jahren nach fast allen Gegenden der Erdkugel Teppiche ausgeführt. Die zum Teil Jahrhunderte alten Muster dieser Teppiche fanden ihrer Farben wegen manchen Bewunderer, ohne daß immer die Muster selbst verstanden worden wären. Wohl jedermann kennt einen Perserteppich und weiß, daß es sich dabei um jene stark stilisierten Muster handelt, die seine Eigenart sind. Auch den Ornamenten des chinesischen Teppichs wohnen solche Eigenarten inne, und ihre Bedeutung zu erklären, ist der Zweck dieses Buches.

Für die Umschreibung der chinesischen Schriftzeichen habe ich die Einigungsumschrift *Lessing-Wilhelm* angewandt.

Herrn Professor *Ferdinand Lessing* habe ich für seine mir wertvollen Ratschläge und für das Interesse, welches er an meiner Arbeit genommen hat, zu danken.

Tientsin, im Januar 1926.

ADOLF HACKMACK.

INHALT

VERZEICHNIS DER ABBILDUNGEN

VERZEICHNIS DER ABBILDUNGEN

I. DIE VERBREITUNG DER TEPPICHKNÜPFEREI

Teppiche werden seit sehr alter Zeit in den westlichsten und nördlichsten Gebieten von China — Chinesisch-Turkestan, Tibet und Kansu — angefertigt. Die Kunst des Teppichknüpfens ist in Chinesisch-Turkestan, dem Stammlande der Türken, aus Zentralasien eingeführt und hat sich von dort über Tibet nach Kansu verbreitet.

Die Bewohner jener Gegenden, größtenteils Nomadenstämme, gebrauchten den Teppich in ihren zeltartigen Wohnungen neben dem Schutz gegen rauhe Witterung gleichzeitig als architektonische Ausstattung, wodurch Bedürfnisse und Schmuck in ihm vereinigt waren.

Als Material verwendete man, je nachdem es zur Verfügung war, Schafwolle, Ziegen-, Kamel- oder Yakhaar. In Tibet wurden schöne sogenannte Gebetteppiche mit zweckentsprechenden Mustern hergestellt, wie man sie in buddhistischen Tempeln für knieende Gläubige ausgebreitet sieht. Zu den schönsten Arbeiten der Knüpferei gehörten die in der Provinz Kansu, besonders in der Stadt Ninghiafu am Hoang ho, verfertigten Satteldecken und Schmuckstücke für Pferde, die sowohl bei mongolischen Stammhäuptlingen wie bei chinesischen Mandarinen außerordentlich geschätzt waren. Diese Satteldecken waren gleich kunstvoll in Bearbeitung des Materials und der Farbengebung.

Mit der steigenden Kunstfertigkeit im Knüpfen ging man zu einer Verfeinerung des Materials und verwendete außer der Wolle auch Seidenfäden für die Teppiche. Alte chinesische Seidenteppiche unterscheiden sich von den in Indien, Persien und der Türkei gemachten im wesentlichen nur in der Zeichnung, während Qualität und Material ziemlich gleich sind. Alte chinesische Wollteppiche ähneln in Qualität und Ausführung den indischen, haben wie diese eine baumwollene Kette und ungefähr 250 bis 350 Knoten auf einen Meter; sie sind von höherem Flor, d. h. dicker als Perserteppiche, und unterscheiden sich von den türkischen, die auf wollener Kette gearbeitet sind, durch die baumwollene Kette.

Eine große Förderung erfuhr die chinesische Teppichknüpferei während der Regierungszeit der letzten Dynastie. Der berühmte Kaiser Kanghi (1662 bis 1722), der alle Industriezweige seines Landes zu heben verstand, nahm sich, den Wert des Materiales und die kunstvolle Arbeit erkennend, auch der Teppichindustrie an. Von Künstlern, die er in Peking versammelt hatte, um die Muster für Porzellan und Weberei zu verbessern, wurden auch die Muster für Teppiche reichhaltiger ausgestaltet. Was Kanghi begonnen hatte, führte sein Enkel Kienlung (1736 bis 1796) fort. Dieser prunkliebende Regent schätzte

Teppiche sehr, er gab große Aufträge an die heimische Industrie und kaufte außerdem schöne Arbeiten aus dem Ausland, ferner wurden ihm Teppiche von den mongolischen Grenzstämmen als Tribut geschickt. Die meisten Teppiche der Paläste in Peking entstammen seiner Regierungszeit, sie sind prachtvoll und noch heute vorbildlich. In dieser Zeit soll auch die Teppichknüpferei von Kansu nach Peking, den nördlichen Küstenplätzen und der Provinz Schantung verpflanzt worden sein.

In allen aufgeführten chinesischen Provinzen und Nebenländern, die zusammen den chinesischen Teppichdistrikt ausmachen (vgl. Karte), hat sich die Teppichweberei bis heute erhalten und ausgebaut.

Turkestan, von den Chinesen um 100 v. Chr. erobert, ist der Ausgangspunkt der Knüpferei und steht mit seinen Erzeugnissen noch immer an erster Stelle, Wolle und Seide sind reichlich vorhanden. Außer für den Gebrauch im Lande werden noch sehr viel Teppiche für die Ausfuhr nach den Nachbarländern gearbeitet. Die Knüpferei ist hier Hausindustrie, alle Familienmitglieder, männliche wie weibliche, werden mit zu dieser Arbeit herangezogen. Die wichtigsten Teppichmärkte Turkestans sind Jarkand, Khotan, Kaschgar und Turfan.

Tibet hat für die Teppichindustrie nicht die Bedeutung Turkestans erreichen können, in größerem Maßstab wird die Knüpferei nur in der Hauptstadt Lhasa betrieben. Wie seit Generationen werden auch jetzt noch meistens Gebetteppiche, welche an die zahlreichen Pilger verkauft werden, gemacht.

In der Provinz *Kansu* ist die Teppichwirkerei gleichfalls Hausindustrie und reger als in Tibet. Es werden vorwiegend warme Gebrauchsteppiche verfertigt, für die das Material, Schafwolle und Kamelhaar, aus der Mongolei bezogen wird. Ninghiafu und Sudschou sind die Hauptplätze für den Teppichhandel.

Von den nordöstlichen Provinzen Chinas sind Chili und Schantung für die Teppichknüpferei die wichtigsten. Die Knüpfarbeit wird hier von Männern gemacht und ist hier nicht eine Hausindustrie wie in den anderen Teilen des chinesischen Teppichdistriktes, sondern wird von kaufmännischen Unternehmungen fabrikmäßig betrieben. Die Hauptplätze für Teppiche in der Provinz *Chili* sind Peking, Tientsin und Kalgan. Das Wollmaterial liefert, ebenso wie in Kansu, die Mongolei.

In *Schantung* bürgerte sich das Gewerbe des Teppichknüpfens leicht ein, da Wolle und Seide hier reichlich vorhanden sind. Schantung ist ein großes Produktionsgebiet für Wolle, die Gesamterzeugung wird auf jährlich 600000 kg geschätzt. Der Seidenfaden Schantungs, das Material des Seidenteppiches, hat in seiner Verarbeitung zu Schantung-Rohseide bereits einen Weltruf erlangt. Seidenraupenzucht verschiedener Arten ist in Schantung sehr verbreitet und wird von der Regierung energisch gefördert.

Bei diesem überaus großen Reichtum an Woll- und Seidenmaterial ist es nur zu verständlich, daß die Provinzialregierung von Schantung, als sie zur Förderung der Industrie ums Jahr 1900 eine Industrieschule in Tsinanfu einrichtete, auch der Teppicharbeit einen gebührenden Platz einräumte. Ein Lehrer wurde aus der Provinz Kansu herangezogen, um Schantung-Jünglingen die Kunst des Teppichknüpfens zu lehren (vgl. Abb. 63). Die in dieser Anstalt angefertigten Teppiche haben ungefähr 300 Knoten auf einen Meter und zeichnen sich durch sorgfältige Arbeit aus.

Durch die gesteigerte Ausfuhr nahm die chinesische Teppichindustrie in den letzten Jahren immer größeren Umfang an, und besonders groß wurde der Aufschwung der Knüpferei während des Weltkrieges, gefördert durch amerikanische Fachleute, die sonst für ihre Firmen Persien besuchten und die während dieser Zeit nach China kamen, um hier ihren Bedarf an handgewebten Teppichen zu decken. Tientsin wurde jetzt der Hauptausfuhrhafen für chinesische Teppiche, und die Teppichknüpfereien vermehrten sich hier um ca. 500 größere und kleinere Betriebe. Im Jahre 1913 wurden aus China für rund Taels 90000.— Teppiche nach dem Auslande verschifft gegen

Taels 420000.— . . . . in 1919
„ 1133000.— . . . . „ 1920
„ 1659000.— . . . . „ 1921

Taels	2532000.—	in 1922
„	3795000.—	„ 1923
„	4935000.—	„ 1924
„	6000000.—	„ 1925.

Der Hauptabnehmer für chinesische Teppiche ist Nordamerika, doch ist wohl anzunehmen, daß sich dieselben mit der Zeit auch in Europa mehr Freunde schaffen, denn sie sind ein Kunstwerk menschlicher Handfertigkeit und unverwüstliche Gebrauchsteppiche.

LÜ DUNG-BIN,
taoistischer Schutzgeist, mit seinem Schwert von übernatürlicher Kraft. (Text S. 18.)

II. DAS TEPPICHMUSTER

Je nach ihrer Verbreitung von Zentralasien aus nahmen die Teppiche ihre Muster an; die nach Westen persische und türkische, nach Süden indische und nach Osten chinesische Ornamente. Die Muster der chinesischen Teppiche sind durchweg älter als die Teppichknüpferei in China selbst, denn sie wurden der Seidenweberei entnommen. Denselben Ursprung haben zum Teil auch die Malereien auf altem chinesischem Porzellan, und so kommt es, daß sich auf Teppichen viele Muster des Porzellans finden und umgekehrt auf altem Porzellan manche des Teppichs. Die Muster der Seide wiederum gehen auf die allerälteste Zeit zurück. Schon in Aufzeichnungen über den Handel Chinas mit den Römern werden „prachtvoll gemusterte“ Seidengewebe erwähnt. Im klassischen Buch der Urkunden (Schu ging) finden sich Beschreibungen von Ornamenten auf Bannern und auf seidenen Amtsgewändern der Beamten, und zur Zeit der Sung-Dynastie (960 bis 1279 n. Chr.) werden die Namen von mehr als fünfzig Mustern aufgeführt, von denen sich heute noch verschiedene auf Teppichen finden, unter anderen: „Drachen im Wasser“, „Drachen aufgerollt zwischen Blumen“, „Drachen und Phönix“, „Drachen im Kreis“, „Schildkrötenschalengrund“, „Lotosblumen“, „Blumensinnbild für Langlebigkeit“, „Musikinstrumente“, „Löwen mit Ball", „Wasserpflanzen und spielende Fische", „Baumpäonien", außerdem glückbringende Zusammenstellungen von Schriftzeichen und Gruppen von Sinnbildern mit glücklicher Vorbedeutung.

Aber nicht nur durch die Aufzeichnungen in alten Schriften haben wir Kenntnis über Alter und Ursprung verschiedener Ornamente bekommen, sondern auch durch die vielen alten Baudenkmäler Chinas, die gewöhnlich reich mit in Stein gehauenen Ornamenten verziert sind.

Ferner geben die Freskomalereien und gemusterten Stoffreste, die Grünwedel durch seine Ausgrabungen bei Turfan in Chinesisch-Turkestan zutage förderte, ein lebendiges Bild von den Mustern der damaligen farbenfreudigen Textilkunst in dem Ursprungslande des chinesischen Teppichs. Den meisten der heutigen Teppichmuster begegnet man unter diesen ungefähr tausend Jahre alten Ornamenten. In seinem Bericht über archäologische Arbeiten in Idikutschari (Chinesisch-Turkestan) im Winter 1902/03 sagt Grünwedel: „Ich kann mir nicht versagen, darauf hinzuweisen, welche Fülle von Material sich ergeben würde, wenn man Zeit hätte, alle Ornamente der Tempel, die noch in der modernen Teppichweberei fortleben, systematisch zusammenzustellen."

Eine Ergänzung zu den bei Turfan ausgegrabenen gemusterten Stoffresten bieten die chinesischen Teppich- und Stoffreste aus dem achten Jahrhundert, welche im

Kaiserlichen Schatzhause Shosoin zu Nara in Japan aufbewahrt sind und die weiter unten noch beschrieben werden.

Durch die Zähigkeit, mit der die Chinesen an allem Althergebrachten festhalten, kommt es, daß wir diese alten Ornamente auch heute noch auf den Webegerüsten sehen; sie verleihen dem chinesischen Teppich seinen ganz besonderen Reiz, nicht nur durch ihr hohes Alter, sondern auch durch ihre Eigenartigkeit und ihre Selbständigkeit, die sie sich durch Jahrhunderte bewahrt haben, und machen ihn zu einem Stück lebenden Altertums.

Die chinesischen Teppichmuster sind teils eng verknüpft mit den verschiedenen Religionen des Volkes und mit der Sage, teils entstammen sie der Flora des Landes. Für eine Beschreibung will mir nachfolgende Einteilung am anschaulichsten erscheinen:

A. Linienornamente,
B. Muster der alten chinesischen Lehre,
C. Muster der taoistischen Lehre,
D. Muster der buddhistischen Lehre,
E. Verschiedene Sinnbilder,
F. Blumen- und Pflanzenmuster.

A. LINIEN-ORNAMENTE

Die Linienornamente zählen zu den ältesten Mustern, sie sind größtenteils vorgeschichtlichen Ursprungs. Vorwiegend werden sie in den Teppichborten angewandt, und wohl in den meisten Teppichen trifft man sie an.

Die Perlenkante ([1] dschu biän), Abb. 1, wird als Abschluß des Mittelfeldes vom Kantenmuster gebraucht, wie auf den Teppichen Abb. 52 und 54 zu sehen ist.

Die chinesische Linie ([2] han wĕn), Abb. 2a und b, auch chinesischer Mäander benannt, kommt in den abgebildeten beiden Formen vor. Sie wird in Teppichen gleichfalls als Abschluß wie die Perlenkante benutzt, doch nicht selten tritt sie in Zusammenstellungen auf. Nach Fr. Hirth wurde dies Ornament schon auf Tonurnen aus der Periode der Dschou-Dynastie (1122 bis 255 v. Chr.) gefunden. Die chinesische Linie findet sich in den Teppichen Abb. 47, 48, 50b, 51 und 54, ohne daß an diesen Beispielen die Art ihrer Anwendung schon erschöpft wäre.

Die zurücklaufende Linie ([3] hui wĕn) ist eine Mäanderart, die gleichfalls als Randornament dient. Ferner hat man dementsprechende geometrische Eck- und Mittelornamente in sehr vielseitigen Formen geschaffen, deren einige in Abb. 3a bis c abgebildet sind.

Das Würfelmuster ([4] sai dsï kuai), Abb. 4, dient als Flächenornament.

Das Kreismuster, Abb. 5, auch goldenes Geld-

---

[1] 珠邊 [2] 漢紋 [3] 回紋 [4] 賽子塊

muster ([5]gin tsiän) genannt, weil der Kreis mit dem Viereck in der Mitte den alten chinesischen Lochmünzen gleicht (vgl. Abb. 21b).

Das Hakenkreuz, Svastika ([6]wan dsï), bedeutet Glück; in Zusammenstellungen mit Sinnbildern wird es „zehntausendfach“ gelesen. Es wird einzeln, Abb. 6a, im Viereck, 6b, oder Kreis, wie in fortlaufenden Bandornamenten, 6c bis e, und in Flächendekorationen, 6f und g, dargestellt. Wohl keinem Symbol begegnet man so oft wie diesem, nicht nur auf Teppichen, sondern auch auf alten Bronzen und Porzellanen. Bei Ausgestaltung des Hakenkreuzes zu Ornamenten ist eine überaus reiche Phantasie entwickelt worden; von den vielen Arten, die es gibt, stellen die Abbildungen unter 6 nur einen Teil dar. Zu fortlaufenden Randmustern zusammengestellt, nennen es die Chinesen [7]wan dsï bu dau tou, d. h. „Glück ohne Ende“. Als Kantenmuster zeigen die Teppichabbildungen 47, 48, 49, 50a und b und 52, als Flächenmuster 50c das Hakenkreuzornament.

B. MUSTER DER ALTEN CHINESISCHEN LEHRE

Die alte Lehre, auch die Lehre des Konfuzius genannt, nicht weil sie von ihm ist, sondern weil er die zum Teil bereits lange vor ihm vorhandenen Lehren

---

[5] 金錢 [6] 萬字 [7] 萬字不到頭

sammelte und zusammenstellte und durch seinen Namen zu neuer Geltung brachte. Konfuzius, ein Zeitgenosse des Pythagoras, wurde im Jahre 551 v. Chr. zu Küfü im Staate Lu, einem Teil der heutigen Provinz Schantung, geboren. Der Einfluß, den er auf das chinesische Volk ausgeübt hat und noch ausübt, ist gewaltig groß. In erster Linie werden in der alten Lehre Himmel, Erde und die Naturgewalten verehrt, denen heute noch das Staatsoberhaupt jährlich einmal auf dem Altar des Himmelstempels zu Peking opfert*).

Der Drache ([8] lung), Abb. 7, das bekannte Wahrzeichen Chinas, nimmt unter allen Ornamenten einen überragenden Platz ein, so auch unter den Teppichen in den Pekinger Palästen. Wo es auch sei, auf Geweben, Stickereien, Bronzen, Porzellan oder an öffentlichen Bauwerken, überall findet er sich. Es gibt verschiedene Arten von Drachen, der fünfklauige, der früher für den Gebrauch des kaiserlichen Hofes reserviert war, der vierklauige, ferner beflügelte, gehörnte und hornlose Drachen des Himmels, der Flüsse und der Berge, welche ihrem Element entsprechend zwischen Wolken, über Wellen oder zwischen Bergen abgebildet sind. Als Herrscher über die Naturgewalten ist er sehr

---

*) Siehe Wilh. Grube, Religion und Kultus der Chinesen, S. 14—81.

[8] 龍

Teppich aus dem kaiserlichen Palast in Peking

Größe 150 × 255 cm

Aufnahme des Verfassers

(Text S. 30)

gefürchtet, er gilt als heilig und wird besonders in Gegenden, die häufig durch Überschwemmungen heimgesucht werden, verehrt.

In Teppichen findet er sich in verschiedenen Formen, je nachdem es seine Anordnung in der Mitte, den Ecken oder der Kante erfordert. Ein bemerkenswertes Drachenornament zeigt das Mittelfeld des Teppichs Abb. 49, das angeblich die Sung-Dynastie (969 bis 1279), unter deren Regierung die Ornamentik zu höchster Blüte gelangte, für sich entwerfen ließ. Der Drache wird entweder einzeln, paarweise oder mit einem Phönix (Abb. 18) als Gegenüber dargestellt. Letztere Zusammenstellung ist sehr beliebt, denn es heißt „Drachen und Phönixe künden Glück an“. Der Ball, der meistens vor dem Drachen abgebildet ist, versinnbildlicht Donner und Blitz, als deren Erzeuger das Fabeltier angesehen wird (vgl. Teppich Abb. 52).

Das Donnermuster ([9] le wën), Abb. 8a bis e. Für Donner war die vorgeschichtliche, hieroglyphische Abbildung eine Art Spirale wie Abb. 8a, die in späteren Jahren, wie auch die chinesische Schrift selbst, eine eckige Form annahm, Abb. 8b, und in dieser Gestalt für dekorative Zwecke paarweise verbunden wurde zu 8c und d. Aus der Aneinanderreihung der zuletzt

---

[9] 雷紋

erwähnten Zeichen 8c oder d zu Bandornamenten entstand dann die Donnerlinie 8e. Dadurch, daß dieses Bandornament kein laufendes Muster darstellt, unterscheidet es sich von dem chinesischen und griechischen fortlaufenden Mäander.

Symbol für Donner ist außer dem Donnermuster noch der bereits erwähnte Ball vor dem Rachen des Drachen (Abb. 7), die Perle des Drachen ([10] lung dschu) genannt. In diesem Ornament ist das Urzeichen für Donner (Abb. 8a) mit einem rotierenden Rad, die rollende Bewegung des Donners anzeigend, unter Hinzufügung einiger den Blitz andeutenden Schnörkel verbunden. Nach einer anderen Erklärung unter verschiedenen schlägt das Urzeichen als Klöppel auf eine Messingschale, dadurch das Getöse des Donners hervorbringend.

Das Wolkenmuster ([11] yün wën), Abb. 9a bis i. Dieses einzigartige Ornament, das in den Mustern außerasiatischer Länder kaum vorkommt, ist von früh her eines der Hauptmotive in chinesischen Teppichen, vor allem dort, wo es gilt, die Fläche auszufüllen, denn beliebig in Größe und Anzahl läßt es sich in das Muster einfügen. Die Abbildungen unter 9 deuten nur zum Teil die vielen möglichen stilisierten Ausarbeitungen

---

[10] 龍珠 [11] 雲紋

für Mittel- und Eckornamente an. Das Wolkenmuster erscheint gewöhnlich in Verbindung mit dem Drachen des Himmels oder dem Phönix, oft als Einrahmung derselben zu dünnen Randornamenten geformt (s. Teppich Abb. 52). Zum Randornament zusammengestellt, Abb. 10, heißt es die „Wolkenköpfchenkante“ ([12] yün tou örl), die wiederum in unzähligen Stilisierungen vorkommt (s. Teppich Abb. 42).

Das Wassermuster ([13] schui wën) wird, soweit es sich um ruhige Wellen handelt, durch aneinander gereihte Halbkreise, Abb. 11, gebildet, die stürmischen See- und Meereswogen hingegen werden durch eckige Zeichnungen veranschaulicht, Abb. 12, in denen kleine Wolken den Gischt, Schaum und Nebel andeuten. Das Wassermuster ist meistens mit daraus hervorsteigenden Drachen verbunden, doch auch Randornamente in vielen Formen sind daraus geschaffen worden (s. Teppich Abb. 48).

Feuer und Blitz, Abb. 13a bis c, werden durch Schnörkel in der Form lodernder Flammen wiedergegeben, die zu Mittel- oder Kantenmustern zusammengestellt sind.

Berge und Felsen, Abb. 14a bis c, werden entweder aus dem Wasser ragend oder mit dem Drachen der Berge zusammen abgebildet. Während den Göttern

---

[12] 雲頭兒 [13] 水紋

der bereits erwähnten Naturgewalten in den Städten Tempel errichtet sind, wird den Geistern der Berge auf den fünf höchsten Bergen Chinas geopfert.

Das weibliche und männliche Urprinzip ([14]Yin und Yang), das Doppelbild in der Mitte von Abb. 15. Das *Yin* ist die dunkle, weibliche, gebärende, das *Yang* die lichte, männliche, zeugende Naturkraft. Uralt ist die Lehre von diesen kosmischen Doppelkräften, aus deren Wechselwirkung das Universum hergeleitet wird*).

Die acht Trigramme ([15] ba gua), Abb. 15. In Abbildungen ist das *Yin* und *Yang* gewöhnlich von diesen acht Schriftzeichen umgeben. Sie bestehen aus ganzen und gebrochenen Linien und gehören mit zu den ältesten Denkmälern chinesischen Schrifttums. Das klassische Buch der Wandlungen (I ging) ist mit denselben geschrieben. Diese Strichsymbole haben in der Geistergeschichte Chinas eine bedeutsame Rolle gespielt und dienen der Wahrsagung. Die drei ganzen Linien ☰ bedeuten Himmel, daran anschließend nach rechts folgen: Wolken, Donner, Berge, Wasser, Feuer, Erde und Wind**).

Das Zepter ([16] ju i), Abb. 16. Mit diesem Zepter

*) Vgl. Wilh. Grube, Geschichte der chinesischen Literatur, S. 150.
**) Ebenda, Seite 34.

[14] 陰陽 [15] 八卦 [16] 如意

hat man die Götter des Himmels, als ein Abzeichen ihrer Macht, ausgestattet. Der Kopf dieses beliebten Ornaments stellt eine Wolke dar. Als Symbol bedeutet es „Möge alles den Wünschen gemäß gehen".

C. MUSTER DER TAOISTISCHEN LEHRE

Taoismus ist die von dem Philosophen Lau dsï (geboren 604 v. Chr.) gegründete Lehre vom Tao, dem Urquell und Endzweck alles Seins, die in späteren Jahren stark in Aberglauben ausartete. Eins der Hauptziele dieser Lehre ist die Verlängerung der Lebensdauer, daher sind die derselben entsprungenen Symbole zum größten Teil solche für Langlebigkeit*).

Die Kennzeichen der acht Genien ([17] ba bau), Abb. 17a bis h. Die acht Genien oder unsterblichen Schutzgeister ([18] ba siän) sind Jünger des Lau dsï und bilden, meist inmitten schöner Landschaften, das Paradies vorstellend, ein beliebtes Motiv in Malerei und Seidenstickerei. Auf Teppichen begnügte man sich damit, ihre Kennzeichen anzubringen, wie folgt:

a) Der Fächer, mit dem [19] Dschung-li Küan (s. Seite 40 mit Pfirsich) die Seelen der Toten wiederbelebt.

*) Vgl. Wilh. Grube, Religion und Kultus der Chinesen, S. 82—138.

[17] 八寶 [18] 八仙 [19] 鍾離權

b) Das von [20] Lü Dung-bin geführte Schwert von übernatürlicher Kraft (s. Seite 6).

c) Die Krücke und der Kürbis des [21] Li Tiä-guai.

d) Die Bambusklapper des [22] Tsau Guo-giu.

e) Der Blumenkorb, den [23] Lan Tsai-ho trägt.

f) Die Bambusröhre des [24] Dschang Guo (s. Seite 44).

g) Die Flöte von [25] Han Siang-dsï.

h) Die Lotosblume von [26] Ho Siän-gu (s. Seite 48).

Die Genien wie ihre Kennzeichen haben eine lange Geschichte, deren Beschreibung hier zu weit führen würde*).

Der Phönix ([27] fong huang), Abb. 18. Dieses Fabeltier versinnbildlicht Wohlwollen und Güte. Als Bote der acht Genien vermittelt er den Verkehr zwischen diesen und den Lebenden, und sein Erscheinen auf der Erde kündet gute Zeiten oder glückliche Ereignisse an. Er ist eine Art Reiher mit dem schillernden Gefieder des Goldfasans und dem Schwanz eines Pfaues und gilt als König der Vögel. Er wird häufig gegenüber dem Drachen abgebildet, mit einer Päonie im Schnabel, oder

---

*) Vgl. Wilh. Grube, Religion und Kultus der Chinesen, S. 105—111.

[20] 吕洞賓 [21] 李鐵拐 [22] 曹國舅

[23] 藍采和 [24] 張果 [25] 韓湘子

[26] 何仙姑 [27] 鳳凰

auch zu zweien als Mittelstück in *Yin-Yang*-Form wie in Teppich Abb. 52.

Der Hirsch ([28] lu) ist Sinnbild für reichliches Einkommen und Wohlstand. Im Maul hat er oft das pilzartige Kraut der Unsterblichkeit ([29] Ling dschï tsau), wie in Teppich Abb. 47.

Der Kranich ([30] siän ho) ist Symbol für langes Leben. Die Fabel dichtet dem Kranich ein mehrtausendjähriges Alter an, nach 600 Jahren braucht er nur noch flüssige Nahrung und nach 2000 Jahren wird er schwarz. Er wird meistens mit dem Hirsch zusammen abgebildet (vgl. Teppich Abb. 47).

Der Pfirsich ([31] tau) ist die Frucht des Lebens, von der sich die acht Genien nähren. Er versinnbildlicht Langlebigkeit und wird gern mit anderen Sinnbildern zusammengestellt (s. Abb. 8e, 25 und 28).

D. MUSTER DER BUDDHISTISCHEN LEHRE

Der Buddhismus ist in den ersten nachchristlichen Jahrhunderten in größerem Umfange von Indien in China eingeführt worden. Diese Lehre gewann großen Einfluß, nicht nur auf Religion, sondern auch auf Kunst und Architektur*).

---

*) Vgl. Wilh. Grube, Religion und Kultus der Chinesen, S. 139—161.

[28] 鹿 [29] 靈芝草 [30] 仙鶴 [31] 桃

Der Hund des Buddha ([32] schï dsï), Abb. 19, ein löwenartiges Fabeltier mit drohendem Gebiß, welches die buddhistischen Heiligtümer bewacht. Dieses Tier wird männlich mit einer Kugel, weiblich mit einem Jungen zwischen den Krallen abgebildet.

Die acht Sinnbilder glücklicher Weissagung ([33] ba gi siang), Abb. 20a bis h. Diese acht Glückszeichen, welche ein bevorzugtes Teppichmuster bilden, sind ursprünglich gleichsam Reichskleinodien des indischen „Weltherrschers“, die dann auf den Buddha als dem geistlichen Herrscher übertragen wurden. Sie bilden daher einen Altarschmuck besonders in der lamaistischen Kirche. Bei der Übertragung vom weltlichen auf den geistlichen Herrscher haben sie teilweise eine Umdeutung erfahren. Diese Symbole sind: a) das flammende Rad, bedeutet beim König der Kriegswagen, das Sinnbild der kriegerischen Eroberung, beim Buddha die Predigt, das Mittel geistlicher Eroberung, b) die Muschel, ein Blasinstrument auf dem der König das Zeichen zum Angriff, der Buddha das Zeichen zum Beginn der Predigt geben läßt, c) der Ehrenschirm, das Abzeichen königlicher Würde, d) der Baldachin, die Überdachung des Thrones, e) die Lotosblume, das Sinnbild der Reinheit, f) die Urne, bestimmt zur Aufnahme des reinen Wassers,

---

[32] 獅子 [33] 八吉祥

mit dem das Haupt des Königs bzw. des Mönches benetzt wird, g) die Fische versinnbildlichen beim weltlichen Herrscher den Ganges und seinen Nebenfluß Dschumna, über deren Stromgebiet er regiert, bei Buddha Freude und Leid, die beiden Hauptströmungen unseres Gefühlslebens, die Buddha überwunden hat, h) der endlose Knoten. In Teppichen werden diese Sinnbilder zusammen, aber auch einzeln gebraucht, vor allem der endlose Knoten ([34] tschang), der „lange Dauer" versinnbildlicht, wird viel mit anderen Symbolen zusammengestellt (vgl. Mittelfeld in Teppich Abb. 52 und Kante in Teppich, Abb. 54).

Damit sind nun die auf Teppichen gebräuchlichsten Symbole, die einen religiösen Ursprung haben, aufgeführt. Es ist aber hierzu noch zu erwähnen, daß diese Art von Einteilung der Ornamente sich lediglich für ihre früheste Entstehung versteht. Heute sind sie mehr oder weniger Gemeingut des chinesischen Volkes geworden, sie haben ihre Bedeutung beibehalten, ihren religiösen Charakter aber zum großen Teil abgestreift, und man darf daher aus einem Teppich mit taoistischen Symbolen der Langlebigkeit keineswegs schließen, daß sein Besitzer Taoist sei, und so verhält es sich auch mit den anderen Mustern.

---

[34] 長

E. VERSCHIEDENE SINNBILDER

Der Chinese hat eine ausgesprochene Vorliebe für Sinnbilder und wendet sie gern an. Sie bestehen aus zwei Arten, teils aus solchen Bildern, die durch ihre Form den Sinn ergeben, wie z. B. ein Geldstück für Reichtum, teils sind sie Lautrebus, in denen der Laut den Sinn wiedergibt, wie [35] king, der Klangstein für [36] king, Segen. Besonders zahlreich sind sie in der Seidenstickerei vertreten*). Da sind zunächst die hundert alten Symbole, von denen für Teppichmuster aber nur die Sinnbilder der acht Kostbarkeiten und der vier Kostbarkeiten des Literaten in Frage kommen.

Die acht Kostbarkeiten ([37] ba bau), Abb. 21a bis h, sind: a) die Perle, b) das Geld, c) ein Rhombus, Symbol für Sieg und blühenden Zustand, d) die Bücher, e) das Gemälde, f) der Klangstein, versinnbildlicht Segen, g) die Trinkhörner, h) das Wermutblatt, Sinnbild für Würde.

Die vier Kostbarkeiten des Literaten ([38] kin ki schu hua), Abb. 22a bis d, Harfe, Schach, Bücher und Gemälde, sind Sinnbild für Literatur und Wissenschaft. Literaten der alten Zeit waren mit diesen Dingen gewöhn-

---

*) Wilh. Grube gibt im Anhange seiner „Pekinger Volkskunde" eine umfassende Erklärung der Sinnbilder in Stickmustern.

[35] 磬 [36] 慶 [37] 八寶 [38] 琴棋書畫

lich eng verwachsen, welchem Umstand dieses Symbol seine Entstehung verdankt (s. Teppich Abb. 52).

Schriftsymbole Schou und Fu. Das *Schou* gibt es in rund ([39] yüan schou dsï), Abb. 23a, und in lang ([40] tschang schou dsï), 23b, beide Formen bedeuten langes Leben, doch werden sie auch in weitestem Sinne für „Glückwunsch" zu allen festlichen Gelegenheiten im Familien- wie Geschäftsleben angewendet, gewöhnlich vereinigt mit dem *Tschang*, Abb. 20h. In dieser Verbindung sind die Zeichen „Glück von endloser Dauer" zu lesen. Das Schriftsymbol *Fu,* Abb. 23c, ist angeblich aus Strichen der acht Trigramme (Abb. 15) zusammengestellt, es gehörte zu den Ornamenten auf den kaiserlichen Opfergewändern und entstammt vorgeschichtlicher Zeit.

Die Fledermaus ([41] biän-fu), Abb. 24, ist Sinnbild für das Glück, sie ist ein Lautrebus, indem das letzte Zeichen der Fledermaus (fu) hier die Bedeutung von [42] fu (Glück) angenommen hat. Dieses Emblem ist zu teils sehr eigenartigen Formen stilisiert und wird gern mit anderen Symbolen verbunden. In Abbildung 25 ist die Fledermaus mit dem Pfirsich abgebildet, das Sinnbild ist zu lesen „Glück und langes Leben zusammen

---

[39] 圓壽字 [40] 長壽字 [41] 蝙蝠

[42] 福

vereinigt« ([43] fu schou schuang tsüan); anstatt des Pfirsichs ein Klangstein (Abb. 21 f) bedeutet „Glück und Segen« ([44] fu king). Ein sehr beliebtes Ornament ist Abb. 26, fünf Fledermäuse das Zeichen *Schou* umgebend ([45] wu fu pëng schou), hierin die fünf großen Segnungen „Reichtum, Würde, Friede, Tugend und hohes Alter« darstellend.

Sinnbild für Erfolg ([46] bi ding ju i), Abb. 27, wird dargestellt durch das Zepter (Abb. 16), Silberbarren (ungeprägtes Silber, nach Tael bewertet) und Schreibpinsel. Es ist gleichfalls ein Lautrebus.

Die drei Früchte ([47] fu schou san do), Abb. 28, sind Buddhahandzitrone, Pfirsich und Granatapfel. Die Buddhahandzitrone ([48] fo schou) ist eine Art Zitrone, die sich anstatt abzurunden am Ende in verschieden lange, fingerartige Zapfen auswächst und von der Seite gesehen einer greifenden Hand gleicht. Der Pfirsich wurde schon erwähnt (S. 19), und der Granatapfel ([49] schï liu) bedeutet Kindersegen. Zum Sinnbild vereinigt, sagen die drei Früchte: „reichliches Glück, reichliche Langlebigkeit und reichlicher Kindersegen«.

---

[43] 福壽雙全 [44] 福慶

[45] 五蝠捧壽 [46] 必定如意

[47] 福壽三多 [48] 佛手 [49] 柘榴

Schmetterling ([50] hu diä) ist Lautrebus für „hohes Alter“, indem man das letzte Zeichen für [51] diä (hochbetagt) nimmt.

Fisch ([52] yü) wird in der eben bei dem Schmetterling beschriebenen Art für [53] yü (Überfluß) angewandt.

F. BLUMEN- UND PFLANZENMUSTER

Die fortgeschrittene Dekoration hat ihre schönsten Muster der Flora des Landes entnommen. Durchweg werden die Blumen der Natur getreu nachgebildet und nicht so stark stilisiert wie die Muster in Perserteppichen, so daß fast jede Blumenart auch zu erkennen ist. Eine Abweichung ist nur festzustellen, wenn Blumen als fortlaufende Flächendekoration verwendet sind. Aus dem sogenannten „Hundert-Kräuter-und-Blumenmuster“ lasse ich die am meisten vorkommenden Lieblingsblumen der Chinesen folgen.

Pfirsichblüte ([54] tau hua), Abb. 29, ist Sinnbild für Frühling und wird als Blüte der Frucht des Lebens verehrt.

Lotosblume ([55] ho hua), Abb. 17h und 30, ist Sinnbild des Sommers. In der buddhistischen Lehre ist

---

[50] 蝴蝶 [51] 耋 [52] 魚 [53] 餘

[54] 桃花 [55] 荷花

sie die heilige Blume, auf der die Götter des Himmels wandeln. Unter den Abzeichen der acht taoistischen Genien ist sie ebenfalls vertreten. Sie verdankt wohl ihre Verehrung nicht nur ihrer Schönheit, sondern auch ihrer Nützlichkeit, denn sowohl die fast haselnußgroßen Kerne wie auch die Wurzel sind als Nahrungsmittel geschätzt.

Chrysanthemum ([56] gü hua), Abb. 31, ist Sinnbild für Herbst und „lange Dauer". Sie ist eine Lieblingsblume der Chinesen und wird von ihnen in unendlich vielen Formen und Farben gezogen.

Narzisse ([57] schui siän hua), Abb. 32, Sinnbild für Winter. Sie wird im Winter in meist sehr schönen Porzellanschalen mit Wasser möglichst zum Jahreswechsel zur Blüte gebracht und hat eine gute Vorbedeutung für das neue Jahr.

Prunus oder Pflaumenblüte ([58] me hua), Abb. 33, ist Symbol für Schönheit. Die Pflaumenblüte trifft man in Teppichmustern auch oft einzeln als Rosette (s. Abb. 3 b).

Orchidee ([59] lan hua), Abb. 34, verdankt ihre Wertschätzung ihrem wunderbaren Geruch. Ihre grasartigen Blätter sind das antike Gras, welches so oft in Dekorationen angetroffen wird.

---

[56] 菊花 [57] 水仙花 [58] 梅花

[59] 蘭花

Bambus ([60] dschu), Abb. 35, ist Sinnbild für „langes Leben und dauernde Blüte“, vermutlich wegen der Härte seines Holzes und der dauernd grünen Blätter.

Päonie ([61] mu dan hua oder auch [62] fu gue hua), Abb. 36, ist „die Blume des Reichtums und Ansehens“. Sie wird gewöhnlich als Gegenstück der Lotosblume abgebildet, aber auch nicht selten sieht man sie als Sinnbild zusammen mit dem Chrysanthemum (s. Teppich Abb. 54), dieses hat dann die Bedeutung „mögen Reichtum und Ansehen von langer Dauer sein“.

Gruppen von Blumen und Bäumen. Auf Teppichen wie auf Stoffen sind die Blumen selten ohne Zusammenhang eingewebt, vielmehr meistens in althergebrachten festen Verbindungen. So gehören zusammen: Pfirsichblüten, Lotos, Chrysanthemum und Narzisse wie auch Granatblüten, Pflaumenblüten, Orchideen und Gardenien für die vier Jahreszeiten; Kiefer, Bambus und Prunus als Zeichen der Freundschaft und für Langlebigkeit; Prunus, Orchidee, Bambus, Chrysanthemum als die bevorzugten Blumen.

Verbildlichte Lotosblumen, Abb. 20 e und 37 a bis h. Lotos und Päonie überwiegen unter den Blumenmustern in derselben Weise wie Drache und Phönix unter den anderen Ornamenten und werden auch oft

---

[60] 竹 [61] 牡丹花 [62] 富貴花

zusammen abgebildet. Ebenso wie die chinesischen Künstler bei der Abbildung der Fabeltiere ihrer Phantasie großen Spielraum gaben, haben sie auch von den Lotosblumen mannigfache Formen geschaffen. Der Grund hierfür dürfte nicht zum wenigsten auf religiösem Gebiete, beim Buddhismus, zu suchen sein, in der Absicht, der Blume, auf der sitzend die Götter abgebildet werden, auch ein überirdisches Gepräge zu geben, und man formte die Blumenblätter wie den Kopf des Zepters (s. Abb. 16), der wiederum eine stilisierte Wolke darstellt. Der große Stempel der Lotosblume kommt nur bei Abb. 37b hervor, bei Abb. 20e und 37c bis e wird er durch eine Wolke angedeutet. Die Abbildungen 37a bis h zeigen dann noch die Lotosblume in Rosettenform.

Lotosblumen und Ranken, Abb. 38a bis c. Diese sehr eigenartigen Muster indischen Ursprungs, die aus dem Bestreben entstanden sind, die ganze Fläche möglichst gleichmäßig auszufüllen, wirken beim ersten Anblick etwas merkwürdig, wenn man sieht, daß die Lotosblume auf ihrem ungefähr einen Meter hohen glatten Stengel sitzt, ohne jegliches Blatt, Geäst und Geranke. Als Erklärung wird angegeben, daß dieses nicht die Lotosblume an und für sich darstelle, sondern die Oberfläche eines Lotosteiches, der außer Lotos noch eine Anzahl anderer Wasserpflanzen birgt. Am besten wird dies auf dem Teppich Abb. 40 gezeigt, der das

Bild eines von oben betrachteten Lotosteiches gibt. Außer den rosettenförmigen Lotosblumen sieht man das Blattwerk anderer Wasserpflanzen, während durch die Linien zum Teil eine leichte Wellenbewegung auf dem Wasser angedeutet werden soll. Als eine stilisierte Art des eben beschriebenen Teppichmusters Ab. 40 sind nun die Abbildungen unter 38 zu denken. Bei dem Randornament 38c zeigt sich das Bestreben, das Muster naturalistisch zu gestalten, indem Blume und Blatt, dieses noch nicht ganz geöffnet, sehr der natürlichen Form in Abb. 30 nahekommen. Muster mit Lotosblumen und Ranken sowie mit Pfirsichen wurden besonders unter der Ming-Dynastie (1368 bis 1644) bevorzugt und außer auf Geweben auch auf Porzellan angebracht. Die Holländer brachten dieses Muster im 17. Jahrhundert auf Stoffen, Tapeten und Porzellan nach Europa, wo es sehr bewundert und nachgebildet wurde. Aus solchen Nachbildungen soll auch das Meißener Zwiebelmuster und das Kopenhagener Strohmuster hervorgegangen sein.

Blumenrosetten. Außer bei dem Lotos- und Rankenmuster ist eine größere Abweichung von der natürlichen Darstellung der Blumen noch festzustellen, wenn sie zum Mittelornament eines Teppiches geformt sind (vgl. Teppiche Abb. 41, 43 und 44).

Vasen mit Blumen finden sich in Teppichmustern ebenso mannigfaltig, wie es solche in Wirklichkeit gibt, sie dienen der Dekoration ohne weitere Bedeutung.

Nur zum Lautrebus mit anderen Symbolen zusammen bedeutet [63] ping (Vase) soviel wie [64] ping (Frieden).

DIE ABGEBILDETEN TEPPICHE

Die nun folgenden Abbildungen von Teppichen, auf die bei der Beschreibung der Teppichornamente schon des öfteren Bezug genommen ist, mögen dazu dienen, die vorher besprochenen Muster in ihrer Anwendung zu zeigen.

Teppich aus dem kaiserlichen Palast in Peking (Taf. C), wo er als Altardekoration bei Opferzeremonien gebraucht wurde. Den weinroten Grund füllen Räuchergefäße, Opferschalen, Urnen, Vasen und Symbole. Der Grund wird von der Perlenkante abgeschlossen, die mittlere Borde zeigt stilisierte Lotosblumen und darauf folgt eine Drachenborde. (Größe 150 × 255 cm.)

Teppich aus dem kaiserlichen Palast in Peking (Taf. D), wo er für Altardekoration bei Opfern verwendet wurde. Der Grund von gelber Farbe, die für den Gebrauch des Hofes reserviert war, ist gleichmäßig gefüllt mit stilisierten Lotosblumen und Ranken buddhistischen Stiles. Anschließend an das Mittelfeld ist die Perlenkante und Lotosborde. Die Hauptborde ist gebildet von dem fortlaufenden Hakenkreuz, dem Symbol für Glück ohne Ende. (Größe 150 × 255 cm.)

---

[63] 瓶 [64] 平

Teppich aus dem kaiserlichen Palast in Peking

Größe 150 × 255 cm

Aufnahme des Verfassers

(Text S. 30)

Wollteppiche, Abb. 39 bis 42. Diese Abbildungen sind den Mustern der im Kaiserlichen Schatzhause Shosoin zu Nara in Japan befindlichen Teppichreste nachgebildet, welche mit das älteste vorhandene Denkmal früher chinesischer Textilindustrie sind. Sie entstammen der Periode der Tang-Dynastie (618 bis 907) und zeigen, auf welcher Höhe sich schon damals die Weberei befand. Alle diese Teppiche sind von kleinerer Größe und scheinen für den chinesischen Kang, der nachts als Bettstelle, tags als Liegestuhl dient, bestimmt gewesen zu sein. Die Muster sind vorwiegend blau auf dunkelgelbem Grund. Abb. 39 zeigt Rosetten von Lotosblumen; Abb. 40 Lotosblumen und Ranken; Abb. 41 ein schönes Mittelornament und Streublumen und Abb. 42 zwei Vögel, Wolken, Felsen und Pflanzen. Die beiden Vögel sind zum Mittelmuster in *Yin-Yang*-Form (s. Abb. 15) gestaltet, die Wolken in Form des Zepters (s. Abb. 16) werden auch Glückswolken genannt. Alle Motive dieses Musters scheinen ihren Ursprung in der alten chinesischen Lehre zu haben.

Seidenteppiche, Abb. 43 bis 46. Diese befinden sich gleichfalls wie die vorübergehenden Wollteppiche in Nara, und alles dort Gesagte trifft auch für diese Seidenteppiche zu. Bei Abb. 43 und 44 sind die Mittelornamente bemerkenswert; Abb. 45 und 46 zeigen Streublumen.

Wollteppich, Abb. 47, ausgestellt in der Galerie

Durand Ruel in Paris, hat gleichfalls ein altes Muster. Im Fond sind Sinnbilder meist taoistischen Ursprungs, Kiefer bedeutet Beständigkeit, Hirsch = Wohlstand, Kranich = Langlebigkeit und Fledermaus = Glück. Der Grund dieses Teppiches ist dunkelblau und das Muster gelb in drei Abtönungen. Das Mittelfeld wird durch den chinesischen Mäander von der schiefen Hakenkreuzkante abgeschlossen.

Wollteppich, Abb. 48, aus Yarkand in Chinesisch-Turkestan stammend, jetzt im British Museum, London. In der Mitte sind stilisierte Blumen, die Ecken haben die zurücklaufende Linie, und die Kante wird aus einem Meereswogenband, dem chinesischen Mäander und dem schiefen Hakenkreuzmuster gebildet. Größe: 240×130 Zentimeter, Farben: viel Blau, Gelb und Weiß und etwas Rot, Rosa, Grün und Orange.

Wollteppich, Abb. 49, befindet sich im Metropolitan Museum in New York, er zeigt im Mittelfeld die Drachen der Sung-Dynastie und vier Eckornamente der zurücklaufenden Linie, in der Kante sind ein Schnörkel- und ein Hakenkreuzband. Farben: weißer Grund und blaues Muster.

Wollteppiche, Abb. 50a bis c. Alle drei Teppiche aus der Sammlung Larkin, London, sind über das ganze Mittelfeld gemustert. Abb. 50a zeigt Blumenrosetten und wird durch eine Hakenkreuzkante abgeschlossen; 50b ein Flächenmuster mit chinesischem Mäander und Hakenkreuzband als Abschluß; 50c hat das Hakenkreuzflächenornament mit Fledermäusen darin, bedeutend „zehntausendfaches Glück“, ein Kantenmuster aus halbierten Blumenrosetten und die Hakenkreuzborde.

Wollteppich, Abb. 51, in Schantung gewebt, hat in Fond und Kante Blumenmuster, die durch den chinesischen Mäander getrennt werden.

Wollteppich, Abb. 52, ausgestellt in San Franzisko, hat auf blauem Grund die acht buddhistischen Symbole glücklicher Weissagung und die vier Kostbarkeiten des Literaten; das Mittelornament besteht aus zwei Phönixen in *Yin-Yang*-Form, eingefaßt von Wolken, dieselbe Einfassung zeigen die vier Drachen im Kreis. Einige Fledermäuse versinnbildlichen Glück, und das Eckornament aus Buddhahandzitrone, Zepter und Vase heißt „Glück, langes Leben und Frieden nach Wunsch“. Den Rand bildet die Perlenkante, dann folgen Hakenkreuzborde und schließlich Drachenköpfe zwischen Meereswogen. Ein Teil dieser Symbole sind auch in dem Teppich des Titelbildes.

Seidenteppich, Abb. 53, stammt aus der Mandschurei, wurde 1885 in London ausgestellt und dort vom British Museum für £ 85 angekauft. Von leuchtenden Farben auf blauem Grund zeigt er eine Zusammenstellung von Blumen und geometrischen Mustern. Größe: 350×180 Zentimeter.

Seidenteppich, Abb. 54, ist ausgestellt in der

Galerie Durand Ruel in Paris, der Fond ist von leuchtendem Rot mit Päonien und Chrysanthemum. Den Abschluß bilden die Perlenkante, die chinesische Linie und ein Randornament mit den buddhistischen acht Symbolen glücklicher Weissagung.

Wollteppich aus Kansu, Abb. 55. Dieser Teppich ist ein Erzeugnis der Provinz Kansu, woselbst die Teppichknüpferei eine Hausindustrie ist. Die dort angefertigten Teppiche werden zum größten Teil nach der Mongolei verkauft, wo die Mongolen sie in der Jurte als Bodenbelag oder Wandbehang gebrauchen. Die Teppichindustrie in Kansu ist noch nicht ausländisch beeinflußt, infolgedessen haben die Teppiche von dort auch heute noch einen rein chinesischen Charakter und sind an ihrem Muster und ihren Farben leicht zu erkennen. Sie haben meistens einen Grund aus weißer ungefärbter Schafwolle, die bei alten Stücken ein natürlich schön glänzendes Creme zeigt und im Muster überwiegend blau in verschiedenen Abstufungen mit dem in Kansu viel angebauten Indigo gefärbt ist.

Der Grund des abgebildeten Teppiches ist creme, das Muster ist blau in drei Tönen und hat in der Mitte und in den Ecken die zurücklaufende Linie in der Art wie Abb. 3a bis c. Das Feld ist ausgefüllt mit stilisierten Päonien und begrenzt durch die Perlenkante, der sich die chinesische Linie in Schlüsselform anschließt. Die Hauptborde zeigt 12 Felder mit dem endlosen Knoten (Abb. 20h) und zwischen diesen Feldern das Münzenmuster, in der Art wie Abb. 5, diese beiden Sinnbilder vereinigt sollen „dauernden Reichtum“ wünschen.

Wollteppich aus Kansu, Abb. 56, ist ein weiterer Teppich aus der unter Abb. 55 beschriebenen Klasse, angefertigt für den Gebrauch der Nomaden in der Mongolei. Seine beiden Enden haben durch die vieljährigen Strapazen etwas gelitten, doch ist das Muster noch ganz zu erkennen.

Der Grund ist ein leuchtendes Hellblau, die Hauptkante creme. Die Zeichnung wird aus blau in vier Schattierungen gebildet.

Die Mitte zeigt eine Form der zurücklaufenden Linie ähnlich der Abbildung 3b, der Grund ist gänzlich bedeckt mit dem Kreismuster in der Form der chinesischen Lochmünze, dem Kupferkäsch. Anschließend hieran folgen Perlenkante und chinesischer Mäander in Schlüsselform. In der Kante befinden sich der endlose Knoten und das Kugelmuster, welches in dem Teppich Abb. 57 des Näheren beschrieben ist.

Wollteppich aus Kansu, Abb. 57. Dies ist ein weiteres Exemplar der unter Abb. 55 und 56 beschriebenen Art, welches, nachdem es durch Jahre helfen konnte, eine mongolische Jurte behaglich zu gestalten, in einem Pekinger Kurioladen landete. Der Grund zeigt den natürlichen Glanz ungefärbter weißer Schafwolle und das Muster ist blau in vier Abtönungen.

In der Mitte und in den Ecken finden wir wieder die für diese Teppiche typische zurücklaufende Linie. Im Feld ist das so mannigfaltige Kugelmuster, ein im Volk sehr beliebtes Ornament. Die Kugeln werden abwechselnd einzeln, paarweise und zu dreien gruppiert dargestellt und sind mit den verschiedensten Sinnbildern und Ornamenten geschmückt. Im Volk spielen diese Kugeln, *Pi Chiu* genannt, ungefähr die Rolle von Wunderknäueln. Das Mittelfeld wird begrenzt von der Perlenkante und dem chinesischen Mäander in „T"-Form. In der Kante findet sich außer den Kugeln der endlose Knoten und in den vier Ecken ein Lochkäsch = Reichtum.

Antiker Wollteppich, Abb. 58, gehört zu einem Paar, das als Decke für den Kang, dem chinesischen Ruhebett, gedient hat.

Der goldgelbe Grund hat durch den natürlichen Glanz der Wolle ein seidiges Aussehen. Die Zeichnung ist blau und weiß.

Die Mitte und die vier Ecken schmücken Kraniche, Symbol für langes Leben, und zwischen denselben sind Glückswolken in Zepterform. Den Abschluß bildet der chinesische Mäander in schräger Schlüsselform.

Wollteppich der mongolischen Kirgisen, Abb. 59. Dieser Nomadenteppich hat als Zelttasche in der Jurte gedient. Geknüpfte Zelttaschen ersetzen den Nomaden die Truhen zum Aufbewahren ihrer Kleider und lassen sich beim Wechseln der Weideplätze leicht durch Tragtiere befördern.

Die Grundfarbe ist ein prächtiges Purpurrot, gefärbt mit Krapp, der Wurzel der *Rubia tinctorum,* die in der westlichen Mongolei gefunden wird. Die rote Grundfarbe läßt außer der Bedeutung des Musters und der sorgfältigen Knüpfung darauf schließen, daß diese Zelttasche einstmals die Mitgift einer Braut aufgenommen hat, wie bei der ansässigen chinesischen Bevölkerung der Brauch besteht, die Aussteuer der Braut in rote Tücher zu schlagen und in rote Truhen zu legen.

Das Muster des Teppichs ist mit gelben, grünen und weinroten Farben sowie aus schwarzer, grauer und weißer ungefärbter Wolle und Ziegenhaaren gebildet. Blau ist in dem Teppich nicht enthalten, sondern nur Farben, welche die Nomaden aus wild wachsenden Wurzeln und Pflanzen selbst herstellen können.

Die Muster im Mittelfeld sind rein chinesisch, jedoch so sehr stilisiert, daß sie von den im allgemeinen naturalistisch behandelten chinesischen Ornamenten recht abweichen. Die Mitte bildet das runde *Schou,* umgeben von vier Fledermäusen (vgl. Abb. 26). Die daran anschließenden vier kreuzförmigen Ornamente sind Pfirsiche, und das kreuzförmige Sinnbild zwischen den Eckornamenten entspricht der Abb. 28 und stellen die drei

Früchte dar, den Pfirsich für Langlebigkeit, die den Granatapfel umschließende Buddhahandzitrone für Glück und den Granatapfel für Kindersegen. Die Ecken sind durch die zurücklaufende Linie ausgefüllt.

Die Kante zeigt auf gelbem Grund eine grüne Ranke mit abwechselnd weißen und weinroten Blumen, ein Muster von kaukasischem Einschlag.

Wollteppich aus Chinesisch-Turkestan, Abb. 60, gehört der im Handel unter Samarkand-Teppiche bekannten Gruppe an. Verwendet wurde er von Nomaden als Vorhang für den Eingang zur Jurte.

Die Grundfarbe ist ein leuchtendes Gelb, in dem Muster finden sich rotbraun, grün, blau, rot, weiß und grau.

Das Muster dieses Teppichs ist eine chinesisch-zentralasiatische Mischung. Das Mittelornament ist ein Chrysanthemum, umgeben von vier Fledermäusen, das Feld hat sechs Kreise mit dem runden *Schou* in der Mitte, und die Ecken sind mit der zurücklaufenden Linie ausgefüllt. Die Kante wird aus schräg aneinander gereihten Farbstreifen gebildet und hat keinen chinesischen Charakter.

Dieser Teppich ist von großer Farbenfreude, recht dazu geeignet, die Eintönigkeit einer Jurte zu beheben.

Geknüpfter wollener Wandteppich, Abb. 61. Dieser Wandteppich diente als Verkleidung von Säulen bei Festlichkeiten im Pekinger Palast.

Grundfarbe ist purpurrot, die Farbe der Freude. Der Drache blau und weiß, die Wolken und das Wasser fünffarbig — rot, gelb, blau, grün und weiß —, wirkt sehr farbenfreudig und dekorativ.

Das Muster stellt einen fünfklauigen Drachen dar, der sich aus dem Meere erhebt und ist so gearbeitet, daß die beiden Hälften des Drachen beim Umschließen der Säule zusammenpassen.

Geknüpfte wollene Satteltepppiche, Abb. 62 a bis d. Satteltepppiche werden in der Provinz Kansu angefertigt. Knüpfung, Farbengebung und Zeichnung entsprechen ganz den dort gemachten Teppichen (s. Abb. 47, 55, 56, 57). Diese Teppiche bestehen aus zwei Hälften, die oben zusammengenäht werden; sie werden mit Baumwollenstoff gefüttert und mit Leder eingefaßt, auf diese Weise geben sie den Mongolen haltbare Satteldecken.

DSCHUNG-LI KÜAN,
der älteste der acht Genien, wird oft anstatt des Pfirsichs mit einem Fächer abgebildet.
(Text S. 17.)

(Text S. 17.)

III. DIE TEPPICHFARBEN

Das Färben von Seide und Wolle war den Chinesen schon lange vor Beginn unserer Zeitrechnung bekannt. In alten Aufzeichnungen über Gewebe wird nicht selten die Farbenprächtigkeit derselben erwähnt, und es ist wahrscheinlich, daß die Teppichknüpferei mit den Ornamenten auch das Färben aus der Seidenindustrie übernahm. Die ältesten bekannt gewordenen Teppichreste im Kaiserlichen Schatzhause Shosoin in Nara, Japan, die über tausend Jahre alt sind, zeigen eine ausgebildete Farbentechnik.

Wenngleich die chinesischen Teppiche nicht die Vielfarbigkeit eines Perserteppiches haben, zeigen sie doch zum Teil große Farbenfreudigkeit, besonders Wollteppiche mit Blumenornamenten und Seidenteppiche. Die Grundfarbe ist überwiegend gelb, blau oder weiß, seltener rot oder grün.

Unter den Ornamenten sind die Drachen fast stets altgelb, gleichfalls der Phönix, wenn er mit dem Drachen zusammen abgebildet wird, auf blauem, rotem oder grünem Grund; ferner sind stilisierte Lotosblumen und Rankenmuster in dieser antik wirkenden Art behandelt. Naturalistische Blumenmuster zeigen meistens ihre natürlichen Farben. Alle übrigen Ornamente sind an keine bestimmte Farbe gebunden.

Gefärbt wurde fast ausschließlich mit Pflanzenfarben. Das *Bĕn-tsau gang-mu,* in dem alle chinesischen Nutzpflanzen aufgeführt sind, macht über die wichtigsten Farbpflanzen folgende Angaben:

Gelb: Hierfür gebrauchte man das Holz des Gelbholzsumach, *Rhus succedanea* ([65] huang lu); die fast erblühten Knospen des Schnurbaums, *Sophora japonica* ([66] huai mi), auch fälschlich Akaziensaat genannt; die Schoten der Gardenie, *Gardenia florida* ([67] dschi dsï), und das Holz von *Cudrania triloba* ([68] schi), mit dem alle Gewebe für den früheren kaiserlichen Hof gefärbt wurden.

Blau, die in China vorherrschende Farbe, wurde mit Indigopaste der Indigopflanze, *Indigofera tinctoria* ([69] lan diän), hergestellt.

Rot, in China die Farbe der Freude, wurde durch die Wurzel der *Rubia tinctorum* ([70] tsiän tsau) und durch Rotholz, *Caesalpinia sappan* ([71] su fang mu), erzielt.

Schwarz: Hierfür verwendete man Gallapfel, *Galla sinensis* ([72] wu be dsï), und Eichelschalen ([73] siang wan dsï). Für

---

65 黃櫨 66 槐米 67 梔子 68 柘

69 藍靛 70 茜草 71 蘇枋木

72 五倍子 73 橡碗子

Weiß kam nur weiße Schafwolle in Frage, die mit den Schoten der *Gleditschia sinensis* ([74] dsau güo) behandelt und dann gebleicht wurde. Diese Schoten ersetzten den Chinesen die ihnen unbekannte Seife.

Grün und alle weiteren Farben wurden aus den entsprechenden Zusammenstellungen der vorstehend aufgeführten Grundfarben gewonnen.

Als dann in den letzten Jahren die deutschen Anilinfarben in China immer mehr bekannt wurden, gingen die Teppichwirker zum Teil von ihrer alten, teureren und mühevolleren Färbmethode ab und verwendeten jene ohne Verständnis. Durchweg waren es für Baumwolle bestimmte Farben, die sich nicht für das Teppichmaterial eigneten und durch welche die Güte der Teppiche nicht gewann, so daß es besser wäre, wenn man wieder zu den Pflanzenfarben zurückkehrte oder aber für Teppiche geeignete Anilinfarben zum Färben gebrauchen würde.

---

[74] 皂角

DSCHANG GUO,
Schutzpatron der Ärzte, auf seinem weißen Esel, mit dem er täglich Tausende von Kilometern zurücklegen kann.
(Text S. 18.)

IV. DAS KNÜPFEN DER TEPPICHE

Teppicharbeit ist ein Glied zwischen Weben und Sticken und wird auf Webgerüsten, wie Abb. 63 aus der Industrieschule in Tsinanfu sie zeigt, gemacht. Diese Webgerüste sind verblüffend einfach im Vergleich zu den kunstvollen Geweben, die von alters her darauf geknüpft werden. Sie bestehen aus einem senkrecht aufgestellten, ungefähr drei Meter hohen, rahmenförmigen Holzgestell, woran sich unten und oben horizontal liegende dicke Balken befinden zur Aufnahme der Kette, diese durch ihr Gewicht straff spannend. In die Kette knüpfen die Männer, die gewöhnlich zu mehreren nebeneinander sitzend an einem Gerüst arbeiten, mit den Fingern die Wollfäden, welche handlich auf Knauel an einer Bambusstange hinter ihnen hängen, Knoten neben Knoten, die ganze Breite des Teppichs entlang. Darauf wird der baumwollene Einschlag oder Einschuß durch die Kette gezogen und mit einem eisernen Kamm fest gegen die Wollknoten geschlagen. Um den Einschlag durch die Kette zu ziehen, wird diese durch Hebel, die mit ihr verbunden sind, wie die Abb. 63 zwischen den Wollknäuel zeigt, getrennt.

Es gibt zwei Arten von Knoten. Beide werden um zwei aufrechtstehende Kettenfäden geschlagen, wie

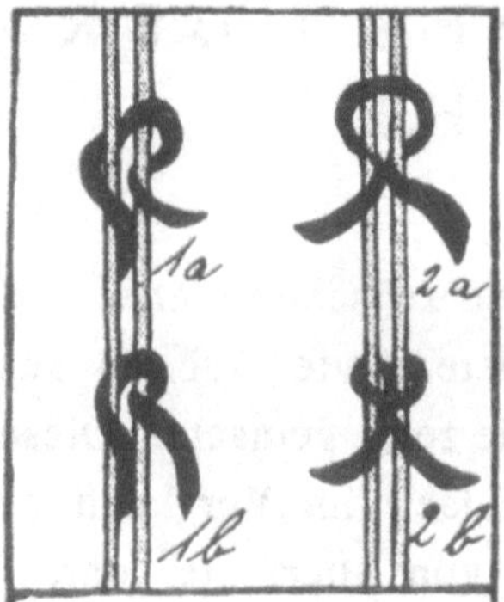

Die Knoten

nebenstehende Abbildung zeigt. Knoten Nr. 1a und b wird für die Mitte des Teppichs angewandt, während Knoten Nr. 2a und b an den Seiten als Randabschluß geschlagen wird. Die nach vorne stehenden Enden der Wollknoten werden, nachdem sie zusammen mit dem Einschlag fest angeschlagen sind, mit einfachen Handscheren glatt geschoren. Mitunter werden darauf noch die Umrisse der Ornamente ausgeschnitten, eine zeitraubende Arbeit, die aber das Aussehen des Teppichs ungemein hebt.

Beim Knüpfen erscheint das Muster des Teppichs auf der vorderen, dem Knüpfer zugekehrten Seite und ist um so kleiner und feiner zu machen, je engmaschiger die Kette ist, während auf weitmaschiger Kette mit gröberem Faden nur größere Muster zu machen sind.

Die Qualität der Teppiche wird in China nach der Anzahl der Knoten oder Fäden auf einen Fuß von 305 Millimeter bezeichnet. Bei den Wollteppichen gehen 70, 80, 90, 100 und mehr Fäden auf einen Fuß.

Die Seidenteppiche werden ebenso hergestellt wie die Wollteppiche, nur mit dem Unterschied, daß der Seidenfaden, nachdem er mit den Fäden der Kette verknotet ist, gleich in der für den Teppich erforderlichen Länge abgeschnitten werden muß, weil die Weichheit des Materials ein späteres Scheren wie beim Wollteppich nicht zuläßt. Es bedarf daher zum Anfertigen von Seidenteppichen sehr gut geschulter Knüpfer. Die Feinheit des Seidenfadens bedingt eine engmaschigere Kette als der dickere Wollfaden, und gute Seidenteppiche haben daher stets mehr als hundert Fäden auf einen Fuß.

Die Fransen, die sich an jedem Ende eines fertigen Woll- oder Seidenteppiches finden, sind die verbliebenen Enden der Webekette, auf welcher der Teppich geknüpft wurde.

HO SIÄN-GU,
Schutzpatronin der Hausfrauen,
mit der Lotosblume als Kennzeichen.
(Text S. 18.)

NAMEN- UND SACHREGISTER

A. Linien-Ornamente

Abb. 1. Die Perlenkante

a b

Abb. 2a und b
Die chinesische Linie oder chinesischer Mäander

b

Abb. 3a bis c
Mittelornament und Eckornamente der „Zurücklaufenden Linie“

Abb. 4
Würfelmuster

Abb. 5
Kreismuster

Abb. 6a bis g
Das Hakenkreuz oder SVASTIKA, Sinnbild für „Glück"

a
Das Hakenkreuz

b
Hakenkreuz im Viereck

c Hakenkreuz-Bandornament

d Hakenkreuz-Bandornament

e Das schiefe Hakenkreuzband

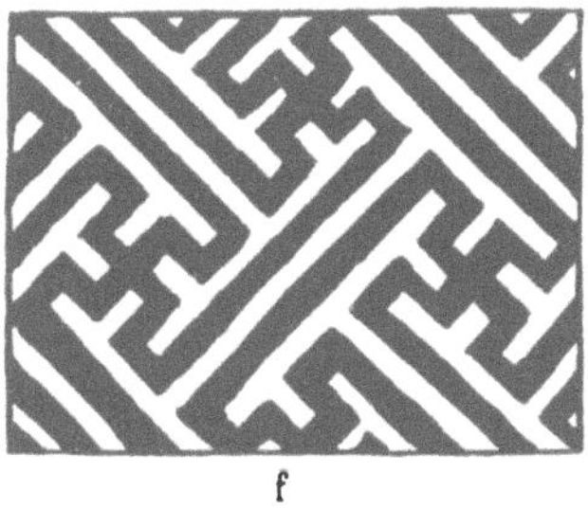

f
Hakenkreuz-Flächenornament

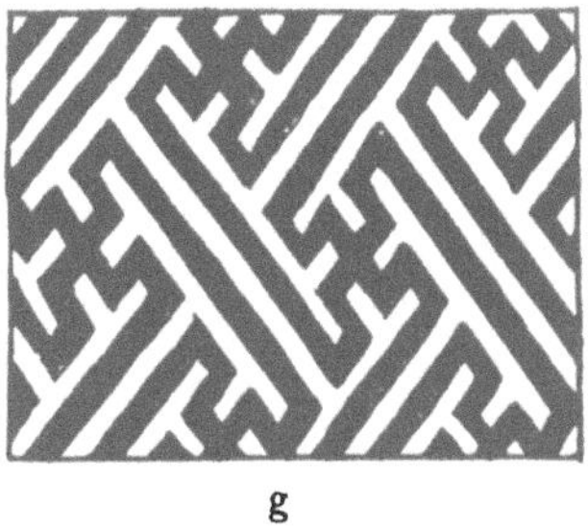

g
Schiefes
Hakenkreuz-Flächenornament

B. Muster der alten Chinesischen Lehre

Abb. 7
Der Drache des Himmels

Abb. 8a bis e. Das Donnermuster

a. Hieroglyphische Form für Donner
b. Spätere veränderte Form von a
c und d. Dekorative Zusammenstellungen der Form b
e. Die Donnerlinie, zusammengestellt aus c, gibt es auch von d

Abb. 9a bis i. Das Wolkenmuster

Abb. 10
Die Wolkenköpfchenkante

Abb. 11
Ruhiges Wasser

Abb. 12
Meereswogen,
die kleinen Wolken stellen den Schaum dar

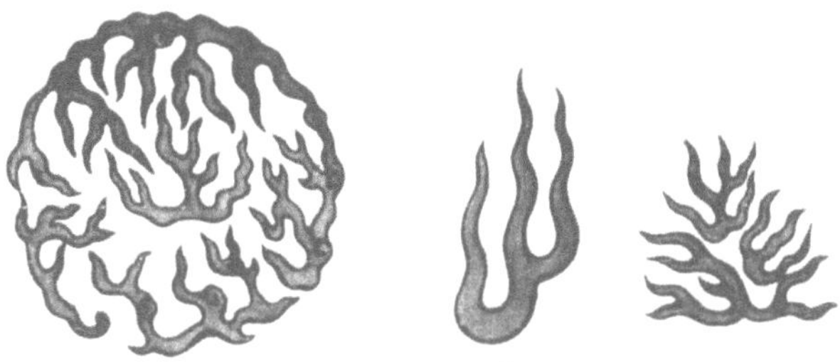

a b c

Abb. 13a bis c
Blitz- und Feuermuster

a b c

Abb. 14a bis c. Berge und Felsen

Abb. 15

In der Mitte das dualistische YIN-YANG, die Urkräfte alles Seins, umgeben von den acht Strichsymbolen der Weissagung

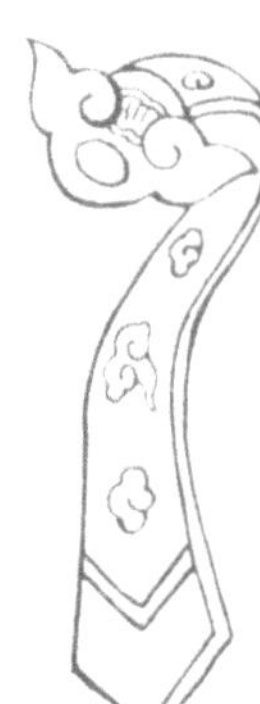

Abb. 16

Das Zepter des höchsten Himmelsgottes

C. Muster der Taoistischen Lehre

Abb. 17a bis h. Die Kennzeichen der acht taoistischen unsterblichen Schutzgeister

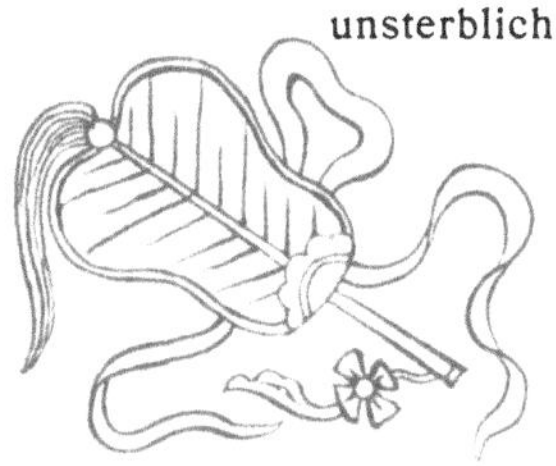

a Der Fächer

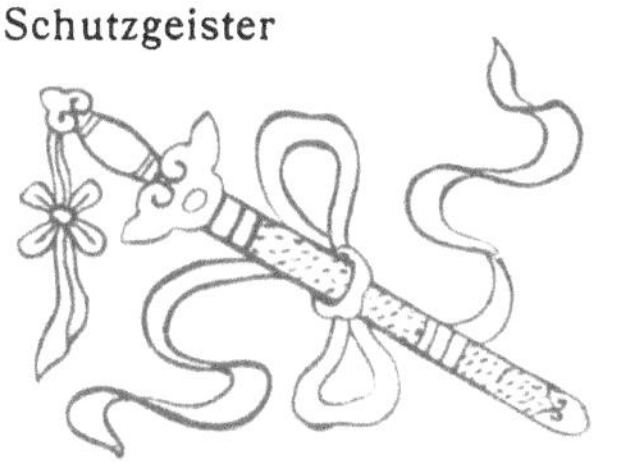

b Das Schwert

c Krücke und Kürbis

d Die Bambusklapper

d Der Blumenkorb

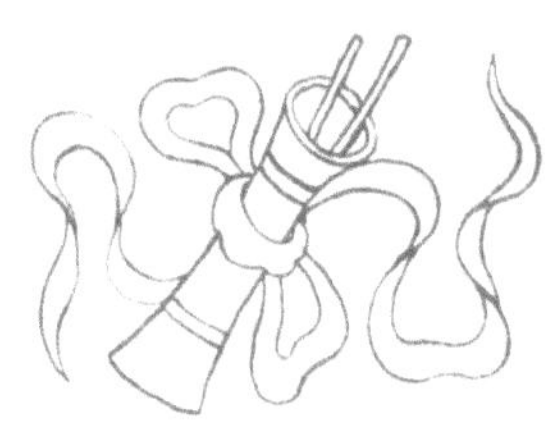

f Die Bambustrommel

g Die Flöte

h Die Lotosblume

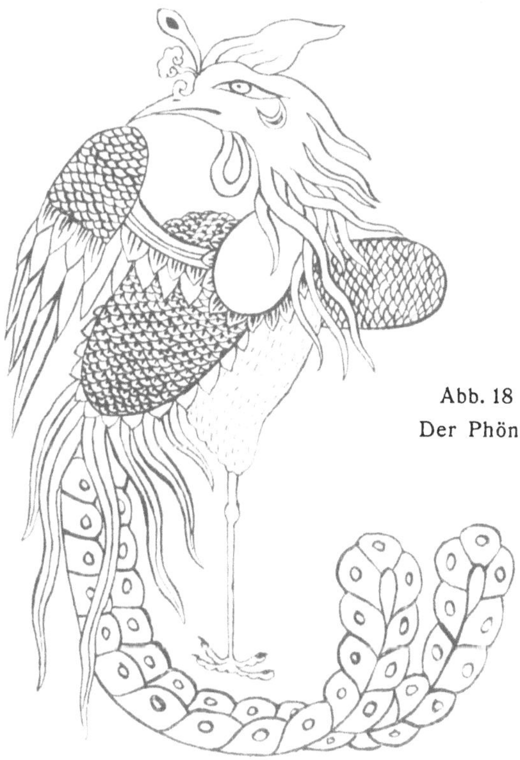

Abb. 18
Der Phönix

D. Muster der Buddhistischen Lehre

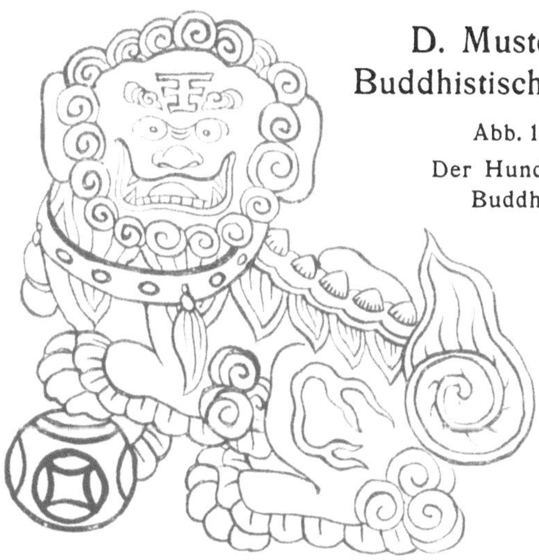

Abb. 19
Der Hund des Buddha

Abb. 20a bis h
Die acht Sinnbilder glücklicher Weissagung, buddhistischen Ursprungs

a
Das flammende Rad

b
Die Muschel

c
Der Ehrenschirm

d
Der Baldachin

e
Die Lotosblume

f
Die Urne

g
Die Fische

h
Der endlose Knoten

E. Verschiedene Sinnbilder

Abb. 21a bis h

Die acht Kostbarkeiten, Sinnbilder aus den hundert Symbolen

a
Die Perle

b
Das Geld

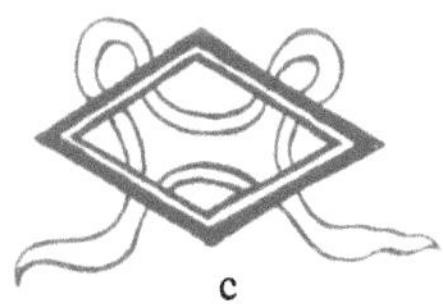

c
Symbol für Sieg

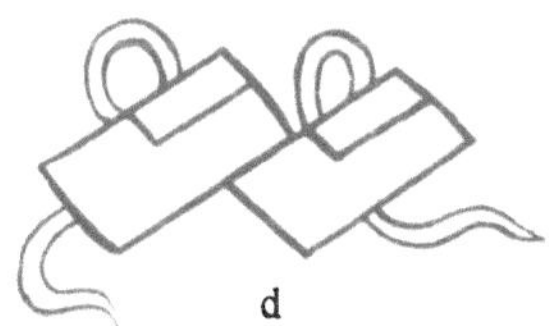

d
Die Bücher

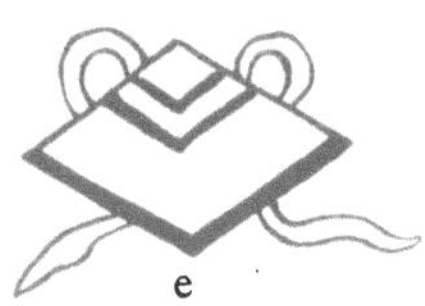

e
Das Gemälde

f
Der Klangstein

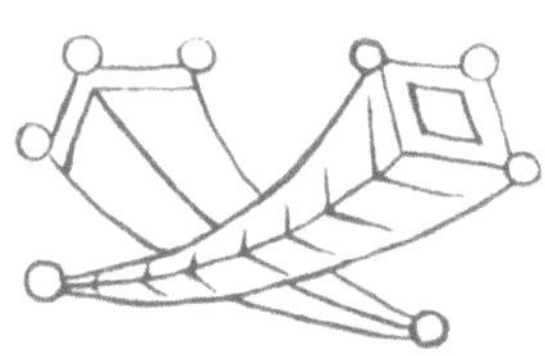

g
Die Trinkhörner

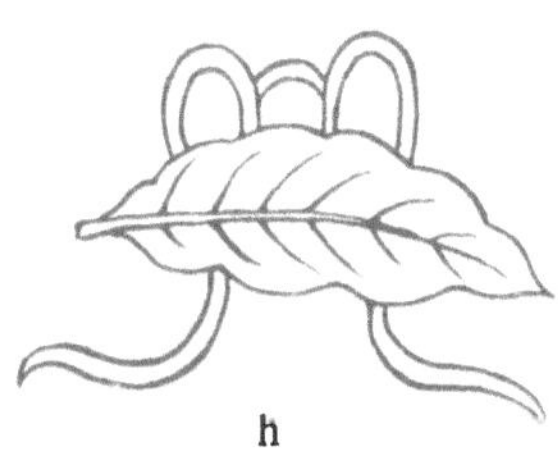

h
Das Wermutblatt

Abb. 22a bis d

Die vier Sinnbilder für Literatur und Wissenschaft

a

Die Harfe

b

Das Schachbrett

c

Bücher und Schreibpinsel

d

Aufgerollte Gemälde

a

b

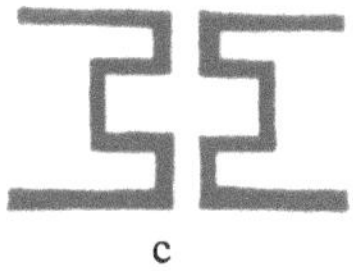

c

Abb. 23a bis c. Schriftzeichensymbole

a. Das runde SCHOU } bedeuten „langes Leben"
b. Das lange SCHOU }

c. Das FU, bedeutet „Glück"

Abb. 24
Die Fledermaus

Abb. 25
Fledermaus mit Pfirsich

Abb. 26
Fünf Fledermäuse, das Schriftzeichen SCHOU umgebend

Abb. 27
Zepter, Pinsel und Silber, Sinnbild für Erfolg

Abb. 28
Sinnbild für Glück, langes Leben und männliche Nachkommen

F. Blumen- und Pflanzenmuster

Abb. 29
Pfirsichblüten

Abb. 30
Lotosblume

Abb. 31
Chrysanthemum

Abb. 32
Narzisse

Abb. 33
Prunus

Abb. 34
Orchidee

Abb. 35
Bambus

Abb. 36
Päonie

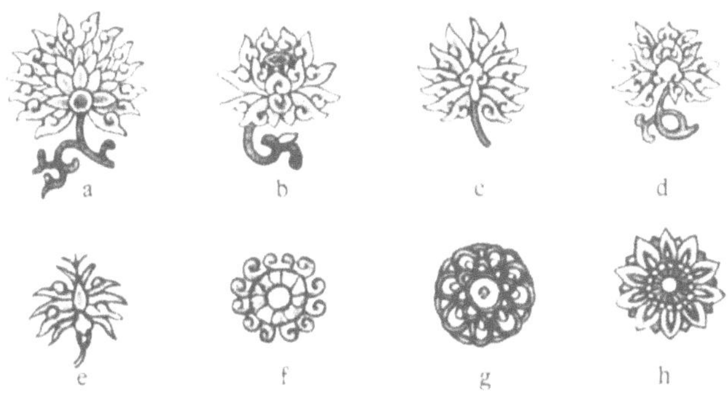

Abb. 37a bis h. Verbildlichte Lotosblumen

Abb. 38a bis c. Lotosblumen und Ranken

Wollteppiche aus dem 8. Jahrhundert im Kaiserl. Schatzhaus zu Nara, Japan

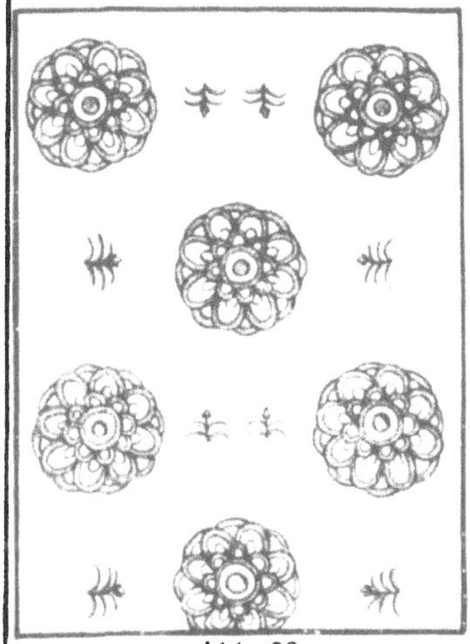

Abb. 39
Lotosblumen

Abb. 40
Lotosblumen und Ranken

Abb. 41
Blumenrosette und Streublumen

Abb. 42
Vögel, Wolken, Felsen und Pflanzen

(O. Münsterberg, Chinesische Kunstgeschichte, Band II, Eßlingen a. N., Paul Neff Verlag [Max Schreiber])

Seidenteppiche aus dem 8. Jahrhundert im Kaiserl. Schatzhaus zu Nara, Japan

Abb. 43
Blumenrosette und Streublumen

Abb. 44
Blumenrosette, Blumen und Felsenkante

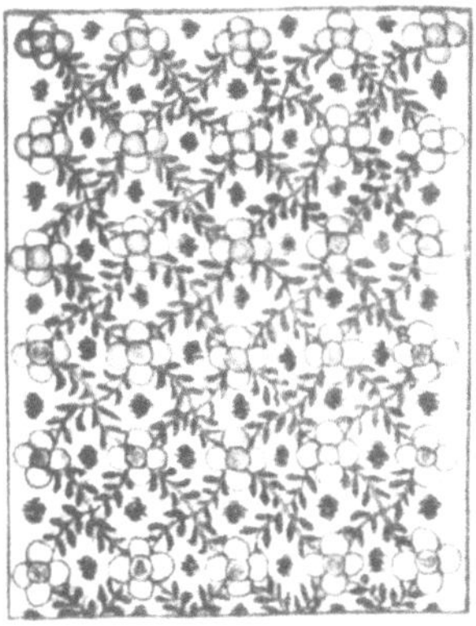

Abb. 45
Blumen und Ranken

Abb. 46
Streublumen

(O. Münsterberg, Chinesische Kunstgeschichte, Band II, Eßlingen a. N., Paul Neff Verlag [Max Schreiber])

Abb. 47

Wollteppich,
ausgestellt in Galerie Ruel, Paris

(Ostasiatische Zeitschrift)

Abb. 48
Wollteppich,
aus Yarkand in Chinesisch-Turkestan
Größe 240 × 130 cm
(O. Münsterberg, Chinesische Kunstgeschichte, Band II, Eßlingen a. N., Paul Neff Verlag [Max Schreiber])

Abb. 49

Wollteppich,
im Metropolitan Museum, New-York

(O. Münsterberg, Chinesische Kunstgeschichte, Band II,
Eßlingen a. N., Paul Neff Verlag [Max Schreiber])

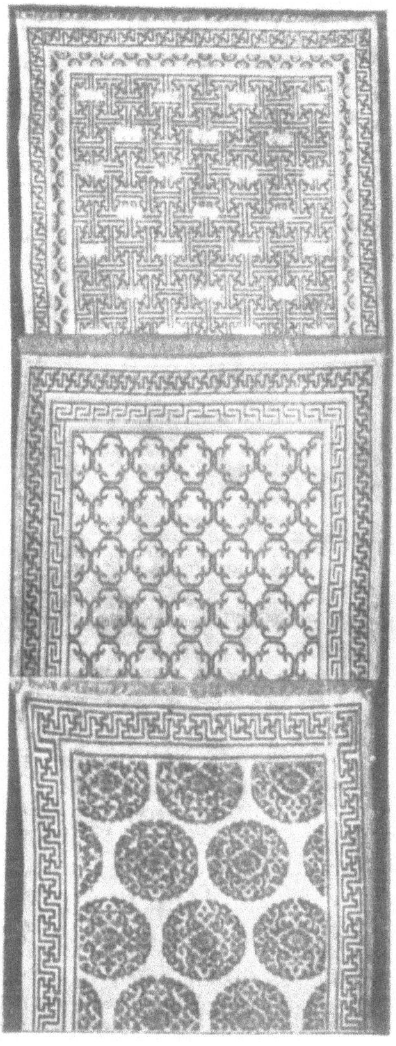

a

b

c

Abb. 50a bis c

Wollteppiche,

Sammlung Larkin, London

(O. Münsterberg, Chinesische Kunstgeschichte, Band II, Eßlingen a. N., Paul Neff Verlag [Max Schreiber])

Abb. 51

Wollteppich,

gewebt in der Provinz Schantung um 1750

(O. Münsterberg, Chinesische Kunstgeschichte, Band II, Eßlingen a. N., Paul Neff Verlag [Max Schreiber])

Abb. 52

Wollteppich,
nach einem Original

Abb. 53

Seidenteppich,

aus der Mandschurei stammend, 1885 in London ausgestellt und für £ 65.— angekauft

Größe 350 × 180 cm

(O. Münsterberg, Chinesische Kunstgeschichte, Band II, Eßlingen a. N., Paul Neff Verlag [Max Schreiber])

Abb. 54

Seidenteppich,
ausgestellt in Galerie Ruel, Paris

(Ostasiatische Zeitschrift)

Abb. 55

Wollteppich aus Kansu,

Größe 63 × 134 cm

Sammlung des Verfassers

Abb. 56

Wollteppich aus Kansu,

Größe 60 × 130 cm

Sammlung des Verfassers

Abb. 57

Wollteppich aus Kansu,

Größe 60 × 128 cm

Sammlung des Verfassers

Abb. 58

Antiker Wollteppich,

Größe 85 × 85 cm

Besitzer Herr A. Emanuel

Abb. 59
Wollteppich der mongolischen Kirgisen,
Größe 71 × 126 cm
Sammlung des Verfassers

Abb. 60
Wollteppich aus Chinesisch-Turkestan,
Größe 105 × 190 cm
Sammlung des Verfassers

Abb. 61
Geknüpfter wollener Wandteppich,
Größe 70 × 193 cm
Sammlung des Verfassers

Abb. 62a bis d

Geknüpfte wollene Satteldecken aus der Mongolei

Sammlung des Verfassers

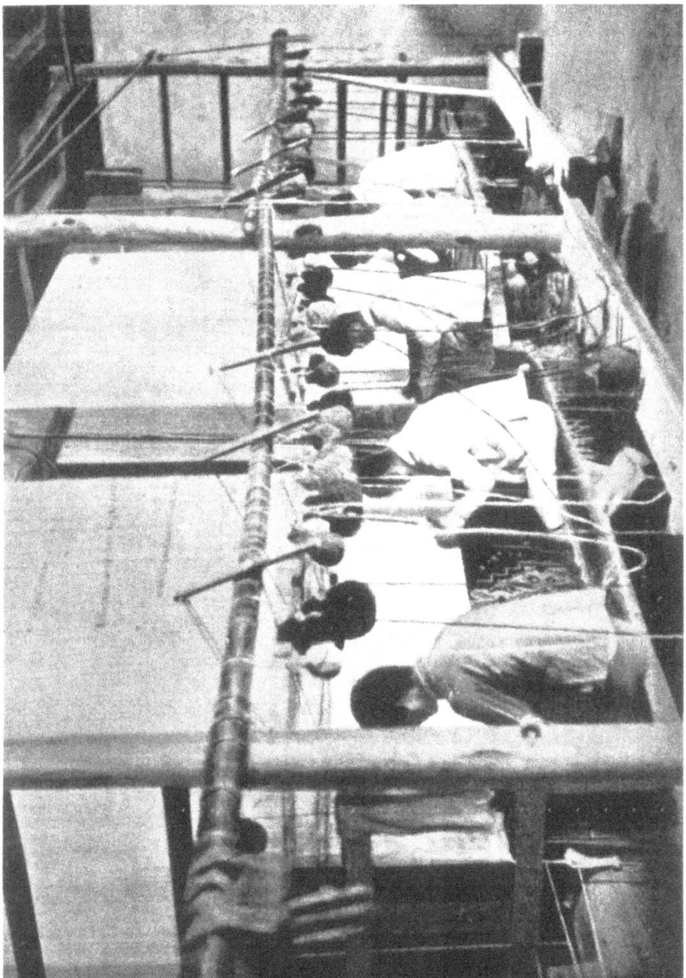

Abb. 63
Teppichknüpfgerüste
in der
Industrieschule
zu Tsinanfu,
Provinz Schantung

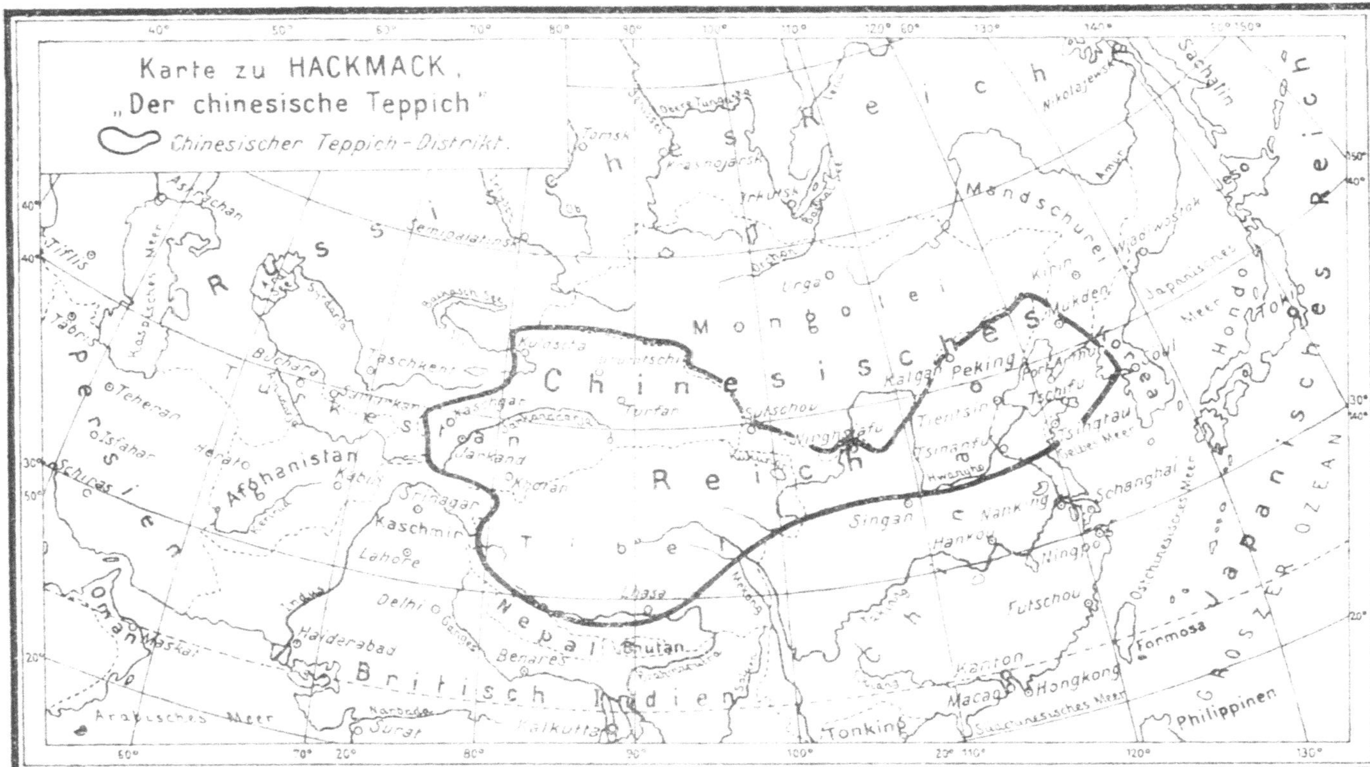
Karte zu HACKMACK,
„Der chinesische Teppich"
Chinesischer Teppich-Distrikt.
Russisches Reich
Chinesisches Reich
Japanisches Reich
Mongolei
Mandschurei
Tibet
Persien
Afghanistan
Britisch Indien
Nepal
Bhutan
Kaschmir
Korea
Formosa
Philippinen
Sachalin
Hondo
Großer Ozean
Arabisches Meer
Kaspisches Meer
Japanisches Meer
Tiflis
Astrachan
Tomsk
Peking
Kalgan
Tientsin
Tschifu
Port Arthur
Tsingtau
Mukden
Kirin
Urga
Singan
Nanking
Schanghai
Hankou
Ningpo
Futschou
Kanton
Hongkong
Macao
Tonking
Lhasa
Turfan
Kaschgar
Jarkand
Chotan
Taschkent
Buchara
Teheran
Herat
Kabul
Srinagar
Lahore
Delhi
Benares
Kalkutta
Haiderabad
Surat
Oman
Maskat
Nikolajewsk
Irkutsk
Krasnojarsk
Semipalatinsk

FSC
www.fsc.org
MIX
Papier | Fördert
gute Waldnutzung
FSC® C083411

Zeitfracht Medien GmbH
Ferdinand-Jühlke-Straße 7
99095 Erfurt, Deutschland
produktsicherheit@kolibri360.de